LAS PARTES DE UNA PLANTA

HOJAS

Un libro de Las Raíces de Crabtree

ALICIA RODRIGUEZ

Traducción de Pablo de la Vega

CRABTREE
Publishing Company
www.crabtreebooks.com

Apoyos de la escuela a los hogares para cuidadores y maestros

Este libro ayuda a los niños en su desarrollo al permitirles practicar la lectura. Abajo están algunas preguntas guía para ayudar al lector a fortalecer sus habilidades de comprensión. En rojo hay algunas opciones de respuesta.

Antes de leer:

- ¿De qué pienso que trata este libro?
  - *Este libro es sobre las hojas de las plantas.*
  - *Este libro es sobre cómo son las hojas de las plantas.*
- ¿Qué quiero aprender sobre este tema?
  - *Quiero aprender qué tan grandes pueden ser las hojas de las plantas.*
  - *Quiero aprender de qué colores pueden ser las hojas de las plantas.*

Durante la lectura:

- Me pregunto por qué...
  - *Me pregunto por qué las hojas de las plantas son verdes.*
  - *Me pregunto por qué las plantas tienen hojas.*
- ¿Qué he aprendido hasta ahora?
  - *Aprendí que las hojas de las plantas pueden cambiar de color.*
  - *Aprendí que hojas de las plantas pueden ser grandes o pequeñas.*

Después de leer:

- ¿Qué detalles aprendí de este tema?
  - *Aprendí que las hojas de las plantas pueden ser de diferentes colores, formas y tamaños.*
  - *Aprendí que la mayoría de las plantas tienen hojas.*
- Lee el libro una vez más y busca las palabras del vocabulario.
  - *Veo la palabra **hojas** en la página 3 y la palabra **plantas** en la página 12.*

Estas son **hojas**.

Algunas hojas
son verdes.

¡Algunas hojas son cafés, rojas o amarillas!

Algunas hojas
son grandes.

Algunas hojas
son pequeñas.

¡La mayoría de las **plantas** tienen hojas!

Lista de palabras

Palabras de uso común

algunas	la	son
de	las	
estas	o	

Palabras para conocer

hojas

plantas

29 palabras

Estas son **hojas**.

Algunas hojas son verdes.

¡Algunas hojas son cafés, rojas o amarillas!

Algunas hojas son grandes.

Algunas hojas son pequeñas.

¡La mayoría de las **plantas** tienen hojas!

LAS PARTES DE UNA PLANTA
HOJAS

CRABTREE Publishing Company

Written by: Alicia Rodriguez
Designed by: Rhea Wallace
Series Development: James Earley
Proofreader: Ellen Rodger
Educational Consultant: Marie Lemke M.Ed.
Translation to Spanish: Pablo de la Vega
Spanish-language lay-out and proofread: Base Tres

Photographs:
Shutterstock: Triff: cover; Nuk2013: p. 1; sek_suwat: p. 3, 14;
    Lumir Jurka Lumis: p. 5; Giovanni Love: p. 6-7; Jhanohiki: p.
    9; cedesstuff: p. 11, 14; Tania Zbrodko: p. 13, 14

Library and Archives Canada Cataloguing in Publication

Title: Hojas / Alicia Rodriguez.
Other titles: Leaves. Spanish
Names: Rodriguez, Alicia (Children's author), author. | Vega, Pablo
    de la, translator.
Description: Series statement: Las partes de una planta |
    Translation of: Leaves. | Translation to Spanish: Pablo de la
    Vega. | "Un libro de las raíces de Crabtree". | Text in Spanish.
Identifiers: Canadiana (print) 2021021015X |
    Canadiana (ebook) 20210210168 |
    ISBN 9781427140968 (hardcover) |
    ISBN 9781427141026 (softcover) |
    ISBN 9781427140845 (HTML) |
    ISBN 9781427140906 (EPUB) |
    ISBN 9781427141088 (read-along ebook)
Subjects: LCSH: Leaves—Juvenile literature.
Classification: LCC QK649 .R6318 2022 | DDC j575.5/7—dc23

Library of Congress Cataloging-in-Publication Data

Names: Rodriguez, Alicia (Children's author), author.
Title: Hojas / Alicia Rodriguez.
Other titles: Leaves. Spanish
Description: New York, NY : Crabtree Publishing, [2022] | Series: Las partes
    de una planta- un libro de las raíces de Crabtree | Includes index.
Identifiers: LCCN 2021020227 (print) |
    LCCN 2021020228 (ebook) |
    ISBN 9781427140968 (hardcover) |
    ISBN 9781427141026 (paperback) |
    ISBN 9781427140845 (ebook) |
    ISBN 9781427140906 (epub) |
    ISBN 9781427141088
Subjects: LCSH: Leaves--Juvenile literature. | Plants--Juvenile literature.
Classification: LCC QK649 .R63418 2022 (print) | LCC QK649 (ebook) |
    DDC 581.4/8--dc23
LC record available at https://lccn.loc.gov/2021020227
LC ebook record available at https://lccn.loc.gov/2021020228

Crabtree Publishing Company

www.crabtreebooks.com   1-800-387-7650

Printed in the U.S.A./062021/CG20210401

Published in the United States
Crabtree Publishing
347 Fifth Avenue, Suite 1402-145
New York, NY, 10016

Published in Canada
Crabtree Publishing
616 Welland Ave.
St. Catharines, Ontario L2M 5V6

16